Silpa Somavarapu

Resposta Diferencial de Variedades de Cajanus à Transformação Inplanta

Silpa Somavarapu

Resposta Diferencial de Variedades de Cajanus à Transformação Inplanta

ScienciaScripts

Imprint

Any brand names and product names mentioned in this book are subject to trademark, brand or patent protection and are trademarks or registered trademarks of their respective holders. The use of brand names, product names, common names, trade names, product descriptions etc. even without a particular marking in this work is in no way to be construed to mean that such names may be regarded as unrestricted in respect of trademark and brand protection legislation and could thus be used by anyone.

Cover image: www.ingimage.com

This book is a translation from the original published under ISBN 978-620-2-07974-7.

Publisher:
Sciencia Scripts
is a trademark of
Dodo Books Indian Ocean Ltd. and OmniScriptum S.R.L publishing group

120 High Road, East Finchley, London, N2 9ED, United Kingdom
Str. Armeneasca 28/1, office 1, Chisinau MD-2012, Republic of Moldova, Europe
Printed at: see last page
ISBN: 978-620-8-03557-0

Índice

CAPÍTULO 1. INTRODUÇÃO

O feijão-frade *(Cajanus cajan)(1)* é uma leguminosa perene pertencente à família Fabaceae. Foi domesticado no Sul da Ásia há 3.500 anos. As sementes têm um elevado teor de proteínas(2) e são utilizadas como grão alimentar comum na Ásia, África e América Latina. O feijão-frade é designado por Kandhi pappu em Telugu, Togari bele em Kannada e Tuvaram paruppu em Tamil. As vagens jovens e frescas são utilizadas em pratos de legumes, como o *sambar*.

A planta do feijão-frade é erecta e ramificada. O caule é lenhoso, as folhas são trifoliadas e compostas. Possui um forte sistema de raiz axial. As plantas transformam-se em arbustos lenhosos(3), com 1-2 m de altura quando colhidas anualmente. Pode atingir uma altura de 3-4 m quando cultivada como planta perene em linhas de vedação ou parcelas agro-florestais. As sementes crescem em condições óptimas de humidade e temperatura (29°C-36°C). A testa da semente abre-se perto da micrópila(4) no 2º dia, a ponta radical alonga-se e emerge do revestimento da semente. No 3º dia, o hipocótilo aparece como um arco e continua a crescer para cima. O epicótilo da plântula alonga-se 3-7 cm antes da emergência da primeira folha trifoliada.

Clima

A ervilha-de-angola é uma cultura predominantemente de zonas tropicais, cultivada principalmente nas regiões semi-áridas da Índia. A ervilha-de-angola pode ser cultivada entre 14°N e 28°N de latitude, com uma temperatura que varia entre 26° e 30°C na estação das chuvas (junho a outubro) e 17° e 22°C na estação pós-chuvosa (novembro a março). A quantidade de radiação solar global diária varia de 400 a 430 cal cm dia na estação chuvosa e 380-430 cal cm-2 dia-1 na estação pós-chuvosa. A precipitação média anual varia entre 600 e 1400 mm, dos quais 80%-90% são recebidos na estação das chuvas. A duração da estação de crescimento estende-se de 120 a 180 dias. Existem isoclimas semelhantes aos da Índia na África Ocidental e no Sul do Sudão, um ambiente adequado para o cultivo do feijão bóer. O feijão bóer é muito sensível à baixa radiação durante o desenvolvimento das vagens, pelo que a floração durante a monção e o tempo nublado conduz a uma fraca formação de vagens.

Solos

Na Índia, a ervilha-de-angola é cultivada em Entisols, Alfisols, Enceptisols e Vertisols. Os Entisols, que se encontram na faixa de solos aluviais da região indo-gangética, são limos profundos, ligeiramente alcalinos (pH 7,5-8,5), com uma capacidade de armazenamento de água disponível de cerca de 150-200 mm em 2 m de solo. Os

Vertisols são caracterizados por 40-60% de argila nos horizontes superficiais do solo, pH de cerca de 8,0 com uma capacidade de retenção de água entre 150-300 mm e a água disponível nos 1,5-2,0 m superiores do solo. Os Alfisols são neutros em reação (pH 6,5-7,0) e relativamente superficiais com um baixo teor de argila. São frequentemente franco-arenosos e podem reter cerca de 100 mm de água disponível no perfil radicular. O feijão-frade, sendo sensível ao encharcamento, requer um solo bem drenado. Não se desenvolve bem em solos salinos, mas pode suportar razoavelmente bem a seca. Foram registadas respostas à cal, indicadas pelo aumento do crescimento dos rebentos e da nodulação, em solos com pH inferior a 5,0.

Sistemas de cultivo

Um sistema de cultivo é definido como uma combinação de culturas no espaço e no tempo. O objetivo de qualquer sistema deve ser o de proporcionar ao agricultor um nível de rendimento elevado e sustentável. Em termos agronómicos, o sistema utiliza de forma eficiente os recursos básicos necessários ao crescimento das plantas. A ervilha-de-angola é cultivada tanto em sistemas de cultura única como em sistemas de cultura intercalar.

Cultura única

Os genótipos de maturação precoce (100-120 dias) são cultivados como cultura única. Estes genótipos têm um índice de colheita mais elevado, com uma média de 34 %, em comparação com os genótipos de maturação média, com 24 %. Por conseguinte, do ponto de vista do sistema de cultivo, os genótipos de maturação precoce são mais capazes de "complementar", proporcionando uma maior oportunidade para uma segunda cultura. Após a estação das chuvas, o feijão bóer é também cultivado como cultura única. Evitam-se assim as condições de humidade associadas à estação das chuvas, a incidência de pragas e doenças é menor e a humidade residual do solo é melhor aproveitada. Além disso, as culturas solitárias após a estação das chuvas foram consideradas mais eficientes do que as culturas solitárias da estação das chuvas.

Culturas intercalares de feijão-frade

O feijão bóer é normalmente consorciado com uma vasta gama de culturas. Na Índia, estima-se que 80 a 90 % do feijão bóer é cultivado em consociação. Willey et al. (1981) agruparam as culturas intercalares de feijão-frade em três grandes categorias:

- a) Com cereais (sorgo, milho, painço, setária, milheto e arroz de sequeiro).
- b) Com leguminosas (amendoim, feijão-frade, feijão mungo, grama preta, soja e feijão phaseolus).

3

• c) Com plantas anuais de estação longa (rícino, algodão, cana-de-açúcar e mandioca).

As vantagens das culturas intercalares são :

• A cultura intercalar confere uma maior estabilidade de rendimento do que a cultura única. Por exemplo, se uma cultura falhar ou crescer mal, a outra cultura pode produzir até certo ponto.

• Em condições de stress, a cultura intercalar provoca uma menor redução do rendimento do que a cultura única.

• A cultura intercalar pode reduzir a incidência de ervas daninhas. A fraca cobertura do dossel e o crescimento lento do feijão bóer nas fases iniciais tornam uma cultura única suscetível às infestantes. Por conseguinte, uma cultura intercalar de crescimento rápido não só proporciona um potencial benefício adicional em termos de rendimento, como também reduz a necessidade de monda.

Preparação do terreno

A preparação do terreno para o feijão bóer requer pelo menos uma lavoura durante a estação seca, seguida de 2 ou 3 gradagens. A lavoura de "verão" ajuda a minimizar a flora infestante e a conservar a humidade. Os solos bem drenados são necessários para um bom desenvolvimento das raízes e dos nódulos. As camas de contorno ou um sistema de cumeeira e sulco são úteis para evitar o encharcamento, drenando o excesso de água superficial, e para evitar a erosão do solo. O estrume orgânico pode ser aplicado 2-4 semanas antes da sementeira. Em solos ácidos, incorporam-se 2-4 t ha-1 de cal 3-4 semanas antes da sementeira, para neutralizar a acidez. Em solos leves, uma aplicação basal de pó de aldrina 5% @ 30 kg ha-1 previne a infestação de térmitas.

Taxa de sementeira e tratamento de sementes

A taxa de sementeira do feijão bóer depende da densidade de plantas desejada para um genótipo (precoce, médio ou tardio), do sistema de cultivo (cultura pura, cultura mista ou cultura intercalar), da taxa de germinação da semente e da massa da semente.

A semente deve ser plantada atrás da charrua ou com a ajuda de um semeador, com um espaçamento entre linhas de 60-75 cm, mantendo uma distância de 15-20 cm de planta para planta. É suficiente uma taxa de sementeira de 12-15 kg por hectare. Nas culturas mistas, a quantidade de sementes é ajustada em função da proporção de arhar e das culturas associadas a cultivar. Nas culturas intercalares, a quantidade de sementes é idêntica à das culturas puras.

Devem ser utilizadas sementes puras e de boa qualidade (registadas ou certificadas) da variedade selecionada, provenientes de uma fonte fiável. Antes da sementeira, as sementes devem ser tratadas com thiram @ 1,5 g kg- 1 de semente mais penta - cloro - nitro benzeno (PCNB) [Brassicol® a.i.1,5 g kg- 1] semente. Isto evitará a podridão da semente e as doenças da praga das plântulas. No ICRISAT, recomendamos o tratamento de sementes com 3 g de thiram kg-1 + 3 g de carbendazim kg-1 de sementes.

Tempo de sementeira

Nas zonas de sequeiro e nas zonas secas, o feijão bóer é semeado no início da monção. A sementeira mais cedo permite obter rendimentos mais elevados na Índia. Quando se semeiam variedades extra-precoces e de maturação precoce na 1st quinzena de junho, o campo fica disponível para as culturas pós-estação das chuvas no final de novembro. Por conseguinte, a sementeira não deve ser adiada para além de junho.

A sementeira das variedades de maturação média e tardia, em regime de sequeiro, deve ser efectuada em junho ou julho, no início da monção. A sementeira deve ser efectuada, de preferência, antes da 2nd semana de julho. A sementeira tardia provoca uma redução considerável do rendimento devido à fotoperiodicidade e ao stress excessivo da humidade do solo, que coincide com o crescimento reprodutivo. Na Índia, a sementeira após a estação das chuvas deve ser feita em setembro. Nas sementeiras posteriores a 15 de outubro, os rendimentos diminuem drasticamente.

Métodos de sementeira

São praticados três sistemas de sementeira para o feijão bóer. O mais comum é a sementeira plana, os outros métodos são a sementeira em camalhões para o grupo extra-precoce e a sementeira em camalhões para o grupo de maturidade tardia. Os dois últimos métodos são úteis em campos com drenagem superficial deficiente e alagamento. Os canteiros ou camalhões elevados proporcionam também um melhor arejamento e nodulação em comparação com a sementeira plana. Experiências realizadas no Instituto Indiano de Investigação Agrícola, em Nova Deli, mostraram que o feijão-guandu semeado num sistema de camalhões e sulcos em campos propensos a encharcamento deu mais 30 % de rendimento do que a sementeira plana (IARI 1971). No ICRISAT, utiliza-se um sistema de canteiros e sulcos largos para a sementeira de genótipos extra-precoces, e de camalhões e sulcos para genótipos de duração média e tardia.

Respostas aos nutrientes

As respostas às aplicações gerais de fertilizantes no feijão bóer são bastante escassas.

Azoto (N): Kulkarni e Panwar (1981) analisaram os estudos efectuados na Índia sobre a resposta do feijão bóer ao N. Concluíram que o efeito era quase negligenciável. No entanto, nalgumas situações, uma aplicação inicial de 20-25 kg N ha-1 foi benéfica.

Fósforo (P): As respostas às aplicações de fósforo têm sido positivas e, nalguns casos, altamente significativas no feijão-frade. Kulkarni e Panwar (1981) resumiram os estudos de resposta ao fósforo na Índia.

Concluíram que as aplicações de 17-26 kg P ha-1 aumentaram a produção de sementes em 300-600 kg ha-1. Não se esperariam respostas do feijão bóer à fertilização com P em solos com mais de 5 mg kg-1 de P extraível por extração com bicarbonato de Olsens; embora valores inferiores não prevejam necessariamente uma resposta.

Potássio (K): O feijão bóer não responde a aplicações de cloreto de potássio, exceto se for cultivado em solos com baixo teor de potássio disponível.

Inoculação de *Rhizobium*: As respostas à inoculação com *Rhizobium* têm sido inconsistentes. Os aumentos no rendimento de grãos do feijão-guandu inoculado com *Rhizobium* eficaz variaram de 19 a 68%.

Zinco (Zn): A maioria das cultivares de feijão-frade é suscetível à deficiência de zinco. Portanto, aplicações foliares de 2-4 ppm de zinco como 0,5% de sulfato de zinco com 0,25% de cal têm sido eficazes para superar as deficiências de zinco.

Irrigação

O feijão boer é largamente cultivado como uma cultura de sequeiro, no entanto, está bem estabelecido que as fases de início da floração e de formação das vagens são as mais cruciais para o stress da seca. Por conseguinte, a irrigação nestas fases ajuda normalmente a cultura. Os sintomas de stress hídrico no feijão bóer são indicados pelas folhas que apontam para o sol ao meio-dia.

O excesso de humidade é prejudicial para o feijão bóer. Promove o crescimento vegetativo e aumenta a incidência de *Phytophthora* e *Alternaria* blight. Por isso, a irrigação deve ser dada apenas quando a cultura sofre stress de seca após a floração e na fase de enchimento das vagens. As respostas à irrigação são mais consistentes na ervilha-de-angola semeada após a estação das chuvas. Esta cultura depende da humidade armazenada no perfil do solo. Duas ou três irrigações, 1 mês após a sementeira, aumentaram a produção de sementes em cerca de 150-160% em relação ao controlo sem irrigação no Centro ICRISAT.

Gestão de ervas daninhas

O feijão-frade é uma cultura de crescimento lento, cultivada sobretudo durante a estação das chuvas. A cultura sofre de infestação precoce de infestantes. Por conseguinte, é necessário manter a cultura livre de ervas daninhas durante o período de crescimento inicial (4-6 semanas). As ervas daninhas podem ser controladas mecanicamente ou com produtos químicos. Uma combinação de controlo químico e mecânico é mais económica. No Centro ICRISAT, observou-se que uma aplicação pré-emergente de prometryn (Gesgard® ou Caparol® a.i. 1,25 kg ha-1) controlou eficazmente as ervas daninhas iniciais.

É necessário efetuar uma monda manual 3-4 semanas após a sementeira para eliminar as ervas daninhas que emergem tardiamente. Quando não é aplicado herbicida, são necessárias duas ou três mondas manuais da 1ª à 6ª semana de crescimento da cultura. Mais tarde, a cultura será capaz de sufocar as ervas daninhas. No ICRISAT, as mondas manuais foram sempre consideradas superiores aos herbicidas, mas os herbicidas eram mais económicos e, por isso, preferidos (Chauhan 1990). Os outros herbicidas pré-emergentes eficazes para o pombo são a pendimetalina (Stomp® a.i. 1,0-1,5 kg ha-1) ou o meta chlore (Dual® a.i. 1 kg ha-1). Os herbicidas pós-emergência recomendados são flausifop-P-butil (Fusilate® a.i. 0,2-0,4 kg ha-1) ou bentazon (Basagran® a.i. 1,0 kg ha- 1) na fase de 2-4 folhas (A. Ramakrishna, 1992, ICRISAT, comunicação pessoal).

Doenças

Murchidão: a mais grave é a doença da murchidão *(Fusarium udum)*, favorecida por temperaturas do solo de 17°-20°C. O fungo entra na planta através das raízes e pode persistir no restolho do solo durante muito tempo. As folhas das plantas afectadas tornam-se amareladas, depois caem e, por fim, as plantas inteiras secam. A doença, de facto, pode ser diagnosticada através da observação de estrias negras na madeira após a remoção da faixa epidérmica externa das raízes principais.

Medida de controlo

• A única medida de controlo eficaz é o desenvolvimento de cvs resistentes (por exemplo, 'C-ll, C36, NP-15, NP-38, aT-17'Amar, Azad, Asha, Maruthi, BDN-1, BDN-2,NP-5).

• Diz-se que a rotação com tabaco e a cultura intercalar com sorgo diminuem o problema da murchidão.

Nomes comuns

A ervilha-de-angola é conhecida por numerosos nomes com diferentes etimologias, Tour Dal, ervilha-verde tropical, ervilha-gungo na Jamaica, toor ou arhar na Índia, grama-vermelha e feijão-guandu.

Origens

A ervilha-de-pombo é uma planta perene que pode transformar-se numa pequena árvore.

Cajanus cajan

O cultivo do feijão bóer remonta a, pelo menos, 3 500 anos. O centro de origem é provavelmente a Índia peninsular, onde os parentes selvagens mais próximos *(Cajanus cajanifolia)* ocorrem em florestas tropicais de folha caduca[2].[2] Foram encontrados achados arqueológicos de ervilha-de-angola datados de cerca de 3400 anos atrás (século XIV a.C.) em sítios neolíticos em Karnataka (Sanganakallu) e nas suas zonas fronteiriças (Tuljapur Garhi em Maharashtra e Gopalpur em Orissa) e também nos estados do sul da Índia, como Kerala, onde é chamada Tomara Payaru. Da Índia, viajou para a África Oriental e Ocidental. Aí, foi encontrada pela primeira vez pelos europeus, pelo que recebeu o nome de Ervilha do Congo. Através do comércio de escravos, chegou ao continente americano, provavelmente no século XVII.

Cultivo

Atualmente, o feijão bóer é amplamente cultivado em todas as regiões tropicais e semitropicais do Velho e do Novo Mundo. O feijão bóer pode ser uma variedade perene, em que a cultura pode durar três a cinco anos (embora o rendimento das sementes diminua consideravelmente após os dois primeiros anos), ou uma variedade anual mais adequada para a produção de sementes.

O feijão bóer é uma importante leguminosa da agricultura de sequeiro nas regiões tropicais semiáridas. O subcontinente indiano, a África Oriental e a América Central, por esta ordem, são as três principais regiões produtoras de feijão-frade do mundo. O feijão bóer é cultivado em mais de 25 países tropicais e subtropicais, quer como cultura única, quer misturado com cereais, como o sorgo *(Sorghum bicolor),* o milheto *(Pennisetum glaucum)* ou o milho *(Zea mays),* ou com outras leguminosas, como o amendoim *(Arachis hypogaea).* Sendo uma leguminosa capaz de simbiose com Rhizobia, o feijão bóer enriquece o solo através da fixação simbiótica de azoto.

Esta cultura é cultivada em terras marginais por agricultores pobres em recursos, que normalmente cultivam variedades tradicionais de média e longa duração (5-11 meses). Recentemente, foi desenvolvido o feijão bóer de curta duração (3-4 meses), adequado para culturas múltiplas. Tradicionalmente, a utilização de factores de produção como fertilizantes, monda, irrigação e pesticidas é mínima, pelo que os níveis de rendimento actuais são baixos (média = 700 kg/ha). Atualmente, está a ser dada maior atenção à gestão da cultura, porque esta é muito procurada a preços remuneradores.

O feijão bóer é muito resistente à seca, pelo que pode ser cultivado em zonas com menos de 650 mm de precipitação anual. Com o fracasso da cultura do milho em três de cada cinco anos em zonas do Quénia propensas à seca, um consórcio liderado pelo Instituto Internacional de Investigação Agrícola para os Trópicos Semi-Áridos (ICRISAT) visava promover o feijão bóer como uma cultura alternativa nutritiva e resistente à seca. Os sucessivos projectos incentivaram a comercialização de leguminosas, estimulando o crescimento da produção local de sementes e das redes de agro-comerciantes para distribuição e comercialização. Este trabalho, que incluiu a ligação dos produtores aos grossistas, ajudou a aumentar os preços dos produtores locais em 20-25% em Nairobi e Mombaça. A comercialização do feijão bóer está agora a permitir que os agricultores comprem bens, desde telemóveis a terras produtivas e gado, e está a abrir-lhes caminhos para saírem da pobreza.

Sementes e fricção

especialmente dois métodos: método seco e método húmido

A produção mundial de feijão bóer está estimada em 4,98 milhões de toneladas. Cerca de 77% desta produção é cultivada na Índia. A África é o centro secundário de diversidade e, atualmente, contribui com cerca de 21% da produção mundial, com 1,05 milhões de toneladas. Em África, o Malawi, a Tanzânia, o Quénia, Moçambique e o Uganda são os principais produtores. Atualmente, é o ingrediente mais essencial dos alimentos para animais utilizados na África Ocidental, especialmente na Nigéria, onde também é cultivado. As folhas, as vagens, as sementes e os resíduos da transformação das sementes são utilizados para alimentar todo o tipo de gado.

John Spence, um botânico e político de Trinidad e Tobago, desenvolveu diversas variedades de feijão bóer anão que podem ser colhidas por máquinas, em vez de manualmente.

Utilizações

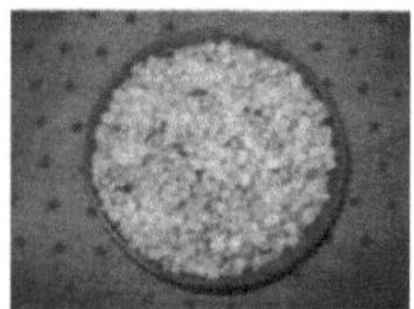

Ervilha-torta, utilizada na confeção de sopa de lentilhas na Índia

O feijão bóer é simultaneamente uma cultura alimentar (ervilhas secas, farinha ou ervilhas de legumes verdes) e uma cultura de forragem/cobertura. Em combinação com cereais, o feijão bóer constitui uma alimentação humana equilibrada. As ervilhas secas podem ser germinadas brevemente e depois cozinhadas, para obter um sabor diferente do das ervilhas verdes ou secas. A germinação também melhora a digestibilidade do feijão bóer seco através da redução de açúcares indigestos que, de outra forma, permaneceriam no feijão seco cozinhado.

Na Índia, a ervilha-de-angola, chamada *tur* em Marathi, *toor dal* em Urdu, *kandhi pappu* em Telugu, *thuvara parippa* em Kerala e *thuvaram paruppu* em Tamil Nadu, *togari bele* em Kannada, é uma das leguminosas mais populares, sendo uma importante fonte de proteínas numa dieta maioritariamente vegetariana. Nas regiões onde cresce, as vagens jovens e frescas são consumidas como legume em pratos como o *sambar*. Na Etiópia, não só as vagens, mas também os rebentos e as folhas são cozinhados e consumidos.

Quenianos descascam feijão bóer

Nalguns locais, como a costa caribenha da Colômbia, a República Dominicana, o Panamá e o Havai, o feijão bóer é cultivado para enlatamento e consumo. Um prato feito de arroz e feijão-frade verde (chamado *moro de guandules*) é um alimento tradicional na República Dominicana. O feijão bóer também é confeccionado como guisado, com bolinhas de banana. Em Porto Rico, *o arroz con gandules* é feito com arroz e feijão bóer e é um prato tradicional, especialmente durante a época natalícia. Trinidad e Tobago e Granada têm a sua própria variante, chamada *pelau,* que inclui carne de vaca ou de frango e, ocasionalmente, abóbora e pedaços de rabo de porco curado. No departamento atlântico da Colômbia, a sopa de guandu com carne salgada (ou simplesmente "gandules") é confeccionada com ervilhas de pombo.

Ao contrário de outras partes das Caraíbas, nas Bahamas são utilizadas as sementes secas de cor castanha clara da planta da ervilha-de-angola (em vez das ervilhas-de-angola verdes frescas utilizadas noutros locais) para confecionar o prato principal das Bahamas, mais pesado e caraterístico, "Peas 'n Rice". Um pedaço de toucinho de porco parcialmente cortado em cubos ou em cubos com a pele (o bacon é um substituto comum), cebolas e pimentão cortados em cubos e uma mistura de especiarias são salteados no fundo de uma panela funda. Acrescentam-se os tomates e a massa de tomate. Em seguida, adiciona-se água, juntamente com as ervilhas e o arroz, e deixa-se cozer lentamente até ficarem tenros. O prato adquire uma cor castanha média-escura, resultante da absorção das cores dos ingredientes iniciais dourados e da pasta de tomate cozinhada. O próprio feijão bóer absorve o mesmo, tornando-se num castanho muito mais escuro, proporcionando algum contraste e complementando o tema "acastanhado" caraterístico do prato.

Na Tailândia, o feijão bóer é cultivado como hospedeiro de insectos cochonilhas que produzem lac, o principal ingrediente da goma-laca.

O feijão bóer é, em algumas zonas, uma cultura importante para adubo verde, fornecendo até 90 kg de azoto por hectare. Os caules lenhosos do feijão bóer podem também ser utilizados como lenha, vedação e colmo.

Sequência do genoma

O feijão bóer é a primeira leguminosa de semente a ter o seu genoma completo sequenciado. A sequenciação começou por ser realizada por um grupo de 31 cientistas indianos do Conselho Indiano de Investigação Agrícola e foi depois seguida por uma parceria de investigação global, a Iniciativa Internacional para a Genómica do Feijão-Frade (IIPG), liderada pelo ICRISAT, com parceiros como o BGI -Shenzhen (China), laboratórios de investigação norte-americanos como a Universidade da Geórgia, a Universidade da Califórnia-Davis, o Cold Spring Harbor Laboratory e o Centro Nacional de Recursos Genómicos, institutos de investigação europeus como o Instituto Nacional de Tecnologia da Informação e Comunicação (INCT) e o Centro Nacional de Recursos Genómicos (NRSR), University of California-Davis, Cold Spring Harbor Laboratory e National Centre for Genome Resources, institutos de investigação europeus como a National University of Ireland Galway e também o apoio do CGIAR Generation Challenge Programme, da US National Science Foundation e contribuições em espécie dos institutos de investigação colaboradores. É a primeira vez que um centro apoiado pelo Grupo Consultivo para a Investigação Agrícola Internacional (CGIAR), como o ICRISAT, lidera a sequenciação do genoma de uma cultura alimentar. Houve uma controvérsia a este respeito, uma vez que o CGIAR não se associou à equipa nacional de cientistas e rompeu com a Iniciativa Indo-Americana de Conhecimento para iniciar paralelamente a sua própria sequenciação.

Nutrição

Teores de nutrientes em %DV de alimentos comuns (crus, não cozinhados) por 100 g

Ch. = Colina; Ca = Cálcio; Fe = Ferro; Mg = Magnésio; P = Fósforo; K = Potássio; Na = Sódio; Zn = Zinco; Cu = Cobre; Mn = Manganês; Se = Selénio; %DV = % do valor diário, ou seja, % da DRI (Dose Diária de Referência) Nota: Todos os valores de nutrientes, incluindo proteínas e fibras, estão em %DV por 100 gramas do alimento. Os valores significativos estão destacados a cinzento claro e em letras a negrito. Redução da cozedura = % de redução máxima típica de nutrientes devido à cozedura sem escorrer para o grupo de ovo-lacto-vegetais Q = Qualidade da proteína em termos de integralidade sem ajuste para a digestibilidade.

O feijão bóer contém elevados níveis de proteínas e os importantes aminoácidos metionina, lisina e triptofano. A combinação metionina+cistina é a única combinação de aminoácidos limitante no feijão bóer. Em contraste com as sementes maduras, as sementes imaturas são geralmente inferiores em todos os valores nutricionais, mas contêm uma quantidade significativa de vitamina C (39 mg por porção de 100 g) e têm um teor de gordura ligeiramente superior. A investigação demonstrou que o teor proteico das sementes imaturas é de melhor qualidade.

Sementes e sementeira de ervilha-de-angola

A ervilha-de-angola responde bem a uma cama de sementes corretamente lavrada e bem drenada. Deve ser efectuada uma lavoura profunda com charrua de revolvimento do solo, seguida de duas a três sulcagens cruzadas e de um nivelamento adequado para assegurar uma irrigação uniforme e uma drenagem apropriada. Sendo uma cultura de raízes profundas. Requer um campo profundo e bem pulverizado, livre de ervas daninhas e torrões. A plantação deve seguir-se a cada lavoura.

Tratar as sementes com carbendazime (Bavistin) ou tirame, à razão de 3 gramas por kg de sementes, antes da sementeira. A ervilha-de-angola deve ser cultivada na primeira quinzena de junho, com irrigação antes da sementeira, para que a cultura seguinte possa ser cultivada com o mínimo de atraso. As culturas semeadas tardiamente são mais susceptíveis de serem danificadas pelas geadas nas regiões setentrionais do país. A sementeira precoce ajuda a obter uma boa colheita de trigo após o feijão bóer. Em condições de sequeiro, a sementeira pode ser efectuada com o início da monção, na parte final de junho ou no início de julho.

A semente deve ser plantada atrás da charrua, com a ajuda do semeador, a um espaçamento de 60-70 centímetros entre linhas, mantendo uma distância de 15-20 centímetros de planta para planta. Uma taxa de sementes de 12-15 kg por hectare é suficiente. Em culturas mistas, é suficiente uma taxa de sementes de 12-15 kg por hectare. Na cultura mista, a quantidade de sementes é ajustada de acordo com a proporção de arhar e de culturas associadas a cultivar. Na cultura intercalar, a quantidade de sementes é a mesma que na cultura pura.

Lentilha de cor amarela, achatada de um lado, de forma oblonga, muito utilizada na cozinha indiana. A ervilha-de-pombo é vulgarmente conhecida por arhar dal ou split toor (tuvar) dal. Tem origem na parte oriental da Índia peninsular. É simultaneamente uma cultura alimentar e uma cultura de cobertura. É um dos pratos mais comuns confeccionados nos lares indianos. Sabe melhor com uma tigela de arroz fumegante. Tem um sabor suave e a nozes.

Utiliza-se a variedade sem pele e dividida. A sua cor é castanho-esverdeada com a pele e amarela sem a pele. Deve ser demolhado em água durante cerca de 10 minutos antes de ser cozinhado. A demolha em água reduz o tempo de cozedura. Para cozer, coza-o à pressão com a quantidade de água necessária, de acordo com a quantidade de dal, durante cerca de 2-3 assobios.

A sua cozedura é mais demorada do que a das outras lentilhas. Antes de a utilizar, deve ser lavada, limpa e demolhada em água durante alguns minutos. De preferência, deve ser demolhada a quente, pois reduz o tempo de cozedura.

Utilização

O feijão-frade pode ser utilizado com legumes, como ervilha seca ou pode ser transformado em farinha. Quando cozinhado juntamente com cereais, o feijão-frade constitui uma dieta equilibrada. As ervilhas partidas podem ser transformadas em puré e servidas. Também pode ser adicionado à salada. A preparação mais comum é o "dal". É utilizado para confecionar pratos populares como o Sambar do Sul da Índia ou o Dal de Gujarati.

Valor nutricional

O Arhar dal é muito benéfico, pois é uma excelente fonte de proteínas e aminoácidos. Também são ricos em vitamina C. Os elevados níveis de hidratos de carbono presentes ajudam a manter um nível saudável de açúcar no sangue e a aumentar a energia. É rico em fibras alimentares e não contém colesterol.

Sabias?

O Arhar dal ou feijão bóer foi cultivado há 3500 anos e, atualmente, são produzidos anualmente cerca de 4,3 milhões de libras de feijão bóer em todo o mundo, dos quais 82% são produzidos na Índia.

O feijão-frade é uma cultura de polinização cruzada frequente (20 - 70%) com um número de cromossomas diplóides 2n=2x=22 e um tamanho de genoma 1C = 858 Mbp.

O feijão-frade *[Cajanus cajan* (L.) Millspaugh] é um arbusto perene de vida curta que é tradicionalmente cultivado como cultura anual nos países em desenvolvimento. É uma importante cultura de leguminosas produzida principalmente na Ásia, África, América Latina e região das Caraíbas. Tendo em conta a vasta variabilidade genética natural no germoplasma local e a presença de numerosos parentes selvagens, a Índia é provavelmente o principal centro de origem do feijão-frade.

É uma cultura resistente, amplamente adaptada e tolerante à seca, com uma grande variação temporal (90 - 300 d) para a maturação. Estas caraterísticas permitem o seu cultivo numa série de ambientes e sistemas de cultivo. A nível mundial, a área de feijão-frade registou um aumento de 56% desde 1976. Atualmente, é cultivado em 4,8 milhões de hectares. É cultivado na Ásia, na África Oriental e Austral, na América Latina e nos países das Caraíbas. É cultivado em todo o mundo em 4,92 milhões de hectares (M ha) com uma produção anual de 3,65 Mt e uma produtividade de 898 kg ha^{-1} .

Na Ásia, a Índia (3,58 milhões de hectares), Myanmar (560.000 hectares), China (150.000 hectares) e Nepal (20.703 hectares) são os principais países produtores de feijão-frade. No continente africano, o Quénia (196 261 ha), o Malawi (123 000 ha), o Uganda (86 000 ha), Moçambique (85 000 ha) e a Tanzânia (68 000 ha) cultivam quantidades consideráveis de feijão bóer. As ilhas das Caraíbas e alguns países da América do Sul têm também uma área considerável dedicada à cultura do feijão bóer.

Invariavelmente, as cultivares e variedades tradicionais de feijão bóer são de longa duração, cultivadas em consociação com outros cereais e leguminosas de maturação mais precoce. Para além da sua principal utilização como ervilhas partidas descascadas, as suas sementes e vagens verdes imaturas são também consumidas frescas como legume verde. As sementes secas esmagadas são dadas aos animais, enquanto as folhas verdes constituem uma forragem de qualidade. Nas zonas rurais, os caules secos do feijão bóer são utilizados como combustível. Numa época de cultivo, as plantas de feijão bóer fixam cerca de 40 kg ha -1 de azoto atmosférico e acrescentam matéria orgânica valiosa ao solo através das folhas caídas. As suas raízes ajudam a libertar o fósforo fixado no solo, tornando-o disponível para o crescimento das plantas. Com tantos benefícios a baixo custo, o feijão-frade tornou-se uma cultura ideal para sistemas agrícolas sustentáveis em zonas dependentes da chuva.

Ásia

• Na Ásia, o feijão-frade é cultivado numa área de 4,3 milhões de hectares e a produção é de 3,3 milhões de toneladas (Figura 1). A Índia tem a maior área (3,6 milhões de hectares) de feijão bóer, seguida de Myanmar (560 000 hectares), Quénia (196 000 hectares), China (150 000 hectares), Malawi (123 000 hectares), Uganda (86 000 hectares), Moçambique (84 000 hectares), Tanzânia (68 000 hectares) e Nepal (21 000 hectares).

• A duração da maturação (a 17^0 N de latitude) varia de cerca de 90 dias para as variedades extra-precoces a mais de 260 dias para as variedades de longa duração.

• As variedades de feijão bóer extra-curto e de curta duração adaptam-se bem a vários sistemas de cultivo, proporcionando uma maior diversidade de culturas. Um bom exemplo foi a adoção da ICPL 88039 (variedade de duração extra-curta) na rotação feijão-frade-trigo no sistema de cultivo arroz-trigo no Noroeste da Índia. Também se mostra promissora em pousios de arroz em latitudes mais baixas.

• Na Ásia, entre 1976 e 2006, o feijão bóer registou

o 56% de aumento da superfície (2,76 para 4,32 m ha) o 54% de aumento da produção (2,14 para 3,29 m t)

Myanmar

O feijão bóer cultivado em Myanmar destina-se principalmente à exportação para a Índia. Por conseguinte, as tendências da produção em Mianmar têm uma influência direta nos preços do feijão-frade no mercado interno da Índia. A área de feijão-frade em Mianmar aumentou de 57 064 para 560 000 ha e a produção de 37 110 para 530 000 t entre 1990 e 2006. Foram lançadas em Mianmar cinco variedades de feijão bóer, com base em material de criação do ICRISAT.

China

No sul da China, o feijão-frade é utilizado principalmente para a conservação dos solos, alimentação e forragem. A variedade ICP 7035 do ICRISAT demonstrou uma elevada adaptação em diferentes províncias. Atualmente, o feijão bóer é cultivado em 150.000 ha nas províncias de Guangxi e Yunnan.

África

Na África Oriental e Austral (ESA), o feijão bóer é cultivado em 0,56 m ha (Figura 2).

É uma cultura importante do Quénia, Malawi, Uganda, Moçambique e Tanzânia.

Entre 1976 e 2006, o feijão bóer registou

• Aumento de 133% da superfície (0,24 m ha para 0,56 m ha).

• Aumento de 178% da produção (0,14 m t para 0,39 m t).

• No leste do Quénia, cerca de 20% dos agricultores adoptaram novas variedades. Os agricultores começaram também a adotar as variedades de feijão-frade de duração média (ICEAP 00554 e 00557), tanto para cereais como para legumes.

• Na Tanzânia, cerca de 50% dos agricultores do distrito de Babati adoptaram novas variedades e a área de produção expandiu-se para além do distrito tradicional de Babati, atingindo os distritos vizinhos de Karatu e Mbulu. Em algumas zonas, os agricultores estão a adotar o genótipo de longa duração e hábito de crescimento compacto (ICEAP 00053) em sistemas de culturas intercalares de milho.

• A utilização de uma variedade de longa duração, resistente à murcha de fusarium e preferida pelos consumidores/mercado (ICEAP 00040) no norte e centro da Tanzânia, Quénia e Malawi resultou num aumento do rendimento dos grãos e numa redução dos custos de produção em comparação com os genótipos locais.

• Os parceiros dos NARS lançaram variedades de feijão bóer no Malawi (4), Quénia (3), Tanzânia (3), Uganda (2) e Moçambique (1).

Tecnologia híbrida

• O ICRISAT e os seus parceiros desenvolveram o primeiro híbrido comercial de feijão-guandu baseado na esterilidade masculina citoplasmática (CMS).

• Os híbridos baseados em CMS nos grupos de maturidade extra-curta, curta e média registaram uma superioridade de rendimento de grãos de 20-80% em relação às variedades de controlo populares em diferentes locais da Índia. Esta tecnologia está também a ser transferida para a China e Myanmar.

Cultivares libertadas

Cinquenta e sete cultivares baseadas em germoplasma melhorado desenvolvido pelo ICRISAT foram lançadas em vários países da Ásia (38), África (13), Austrália (3) e EUA (3). Os tipos de curta e média duração e as cultivares resistentes a doenças tiveram um impacto significativo nos países asiáticos. No entanto, as variedades de longa e média duração tiveram um forte impacto na África Oriental e Austral.

O feijão-frade enriquece o solo através da fixação simbiótica de azoto e desempenha um papel importante na conservação da agricultura, pois é conhecido por proporcionar vários benefícios ao solo em que é cultivado. Os seus sistemas radiculares profundos, bem desenvolvidos e espalhados lateralmente actuam como um "arado biológico". Reduz eficazmente a erosão e resiste à seca. O feijão-frade *(Cajanus cajan)* foi identificado como uma potencial cultura alternativa para inclusão nos sistemas de cultivo dos agricultores pobres das terras secas, tendo em conta a sua versatilidade e potencial de comercialização. Dotado de várias caraterísticas únicas, ocupa um lugar importante nos sistemas agrícolas adoptados pelos pequenos agricultores num grande número de países em desenvolvimento[5,6] e é utilizado de formas mais diversas do que outras. Nalgumas zonas, o feijão-frade é utilizado como adubo verde.

Constitui uma dieta humana bem equilibrada, sendo uma fonte rica em ferro[7] e cálcio. O feijão-frade aumenta a sustentabilidade e a rendibilidade dos sistemas de cultivo propensos à seca e atenua a pobreza rural. O feijão-frade contém níveis elevados de proteínas e os importantes aminoácidos metionina, lisina e triptofano. As sementes imaturas são geralmente inferiores em todos os valores nutricionais, mas têm uma quantidade significativa de vitamina C (39 mg por porção de 100 g), um teor ligeiramente mais elevado de gordura e proteínas de melhor qualidade.

Algumas práticas de medicina tradicional indiana e asiática[8] consideram que o feijão-frade tem valor medicinal. É utilizado para tratar problemas de estômago, cancro e inchaço dos órgãos internos. É utilizado no tratamento de problemas de saúde como bronquite, pneumonia, tosse, infecções respiratórias, constipação, problemas no peito e dores de garganta. A planta tem propriedades vulnerárias, diuréticas, adstringentes, antídoto, sedativas, laxantes, expectorantes e vermífugas. É utilizado para curar dores de ouvido, úlceras, feridas, chagas, enterites e dores diversas. O feijão-frade pode ser utilizado para curar problemas de pele como a urticária e as irritações genitais. Cura problemas de saúde como perturbações do sangue, anemia, diarreia, disenteria, iterícia, febres, cólicas, lepra, convulsões, diabetes gripal, hepatite, febre amarela, acidentes vasculares cerebrais, infecções urinárias e perturbações menstruais.

A estimativa atual do feijão bóer é de 4,3 milhões de toneladas, 82% das quais são cultivadas na Índia. A Índia produz anualmente cerca de 3 milhões de toneladas de feijão-frade em todas as regiões tropicais e semi-tropicais. As plantas de feijão bóer crescem a partir de sementes. As sementes devem ser plantadas a 1 a 2 polegadas de profundidade no solo, mantendo uma distância de 3 a 4 polegadas entre elas. Os meses de junho e julho são ideais para a plantação desta cultura. O feijão-frade desenvolve-se bem em todos os tipos de solos, desde os de textura fina até aos solos grosseiros e inférteis. As suas raízes profundas permitem-lhe uma maior adaptabilidade para crescer bem mesmo em terrenos semiáridos. A salinidade ou pH do solo para esta planta é melhor mantida entre 5,0 e 7,0. O feijão-frade cresce bem em solos ricos em fósforo. A temperatura do solo deve ser de, pelo menos, 60^0 F. A temperatura óptima para o cultivo do feijão bóer deve variar entre 18 °C e 38 °C. A precipitação anual suficiente para o bom crescimento desta planta deve variar entre 600 mm e 1000 mm. Pode também tolerar condições mais secas e secas e crescer em locais com baixa precipitação anual. A colheita é efectuada nos meses de dezembro e janeiro na Índia e nos meses de junho e julho em África. A floração das plantas pode começar entre 56 e 210 dias após a sementeira das sementes. A planta demora cerca de 95 a 256 dias a atingir a maturidade.

Apesar do seu papel crucial na agricultura tropical[9] , o nível de produtividade[10] é inferior ao dos seus homólogos cerealíferos. Os principais constrangimentos incluem a suscetibilidade à broca das vagens *(Helicoverpa armígera)* e à mosca das vagens

(Clavigralla spp) (31%), o que constitui um grave problema. Além disso, sofrem gravemente da doença da murchidão causada por *Fusarium*. É urgente criar uma nova variabilidade e desenvolver variedades resistentes. Os principais objectivos da investigação sobre leguminosas são a obtenção de variedades com maior rendimento, melhor qualidade, resistência a doenças e pragas, resistência a herbicidas e tolerância ao stress (por exemplo, calor, frio, seca, alcalinidade, acidez, etc.).

As tensões abióticas, como a salinidade e a seca, afectam o crescimento e a produtividade das plantas. O stress abiótico é a principal causa da diminuição do rendimento médio das principais culturas em mais de 50%. Impõe um stress osmótico (elevada concentração de solutos no solo) e um stress iónico específico (alteração das proporções de iões). As estratégias para superar o stress abiótico incluem a transferência de genes que sintetizam osmoprotectores, transportadores de iões e acumulação de osmoprotectores. As plantas tolerantes à salinidade podem sequestrar e acumular sal nos vacúolos celulares, o que evita a acumulação de sal no citosol e mantém um rácio K+/Na+ citosólico elevado. Os mecanismos de tolerância à salinidade envolvem a redução da absorção de Na+ e o aumento do seu bombeamento para fora das células.

O melhoramento pode ser efectuado através de métodos convencionais de melhoramento vegetal ou de métodos biotecnológicos não convencionais. O melhoramento convencional de plantas envolve cruzamentos sexuais entre genótipos selecionados que possuem os caracteres desejados para produzir plantas de genótipos superiores. Segue-se uma seleção extensiva de novas variedades a partir da descendência, o que é moroso e trabalhoso. Esta técnica permite a formação de híbridos com caracteres desejáveis, mas podem também ser adquiridos traços indesejáveis, que se exprimem nesses híbridos. Apesar disso, os métodos convencionais de melhoramento vegetal e as práticas agronómicas tradicionais resultaram no desenvolvimento de variedades de elevado rendimento, de maturação precoce e resistentes a pragas e doenças. Embora o melhoramento da resistência a pragas e doenças tenha sido conseguido através de métodos convencionais, muito mais tem de ser feito na área da resistência a pragas, da tolerância ao stress biótico e abiótico e do melhoramento varietal para proteínas pouco alergénicas nas sementes. Por conseguinte, estão a ser envidados grandes esforços no sentido de utilizar métodos de seleção *in vitro* que possam produzir diretamente as alterações desejadas em plantas tolerantes a toxinas, herbicidas, temperatura, stress, etc. As manipulações genéticas são utilizadas para melhorar os rendimentos, ultrapassar as barreiras de cruzamento para a reprodução, obter plântulas idênticas através da propagação clonal em grande número por cultura de células, induzir resistência a pragas e agentes patogénicos nas plantas. A melhor abordagem para este problema consiste em transformar as espécies existentes através da introdução de genes estranhos provenientes de fontes não relacionadas. As plantas "transgénicas" resultantes podem ser utilizadas diretamente ou, mais provavelmente, como material de base em programas de melhoramento, alargando assim substancialmente o património genético.

Os métodos de transformação direta são: pistola biolística, electroporação e método do polietilenoglicol. Os métodos de transformação baseados na utilização da Agrobacterium[11] tumefaciens são preferidos a outras técnicas de transformação em muitos casos, uma vez que a transformação mediada pela *Agrobacterium[12]* é relativamente barata, não requer protoplastos, a sua incorporação num único local e as técnicas de regeneração para diferentes sementes estão prontamente disponíveis.

A Agrobacterium tumefaciens, causadora da doença economicamente importante, a galha da coroa, também tem sido estudada durante anos devido à sua notável biologia. O mecanismo que esta bactéria utiliza para parasitar o tecido vegetal envolve a integração de algum do seu próprio ADN no genoma do hospedeiro, resultando em tumores inestéticos e alterações no metabolismo da planta. *A A. tumefaciens* levou ao primeiro desenvolvimento bem sucedido de um agente de controlo biológico e é agora utilizada como uma ferramenta para a engenharia de genes desejados nas plantas.

Gama e distribuição de hospedeiros

A Agrobacterium tumefaciens tem uma distribuição cosmopolita, afectando plantas dicotiledóneas em mais de 60 famílias de plantas diferentes. A galha da coroa pode ser encontrada mais frequentemente em árvores de frutos de caroço e de pomóideas, bem como em silvas e várias espécies de plantas ornamentais.

Identificação

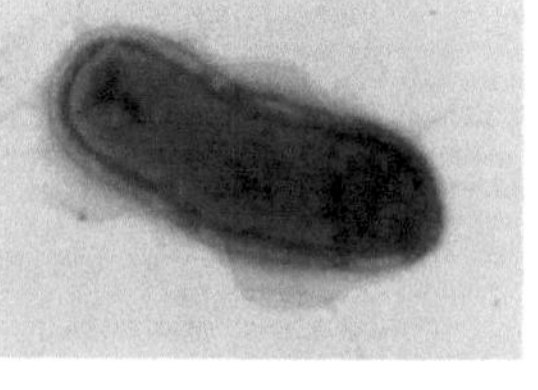

A Agrobacterium tumefaciens é um membro da família *Rhizobiaceae*. Estas bactérias são Gram-negativas e crescem aerobicamente, sem formar endosporos. As células têm forma de bastonete e são móveis, com um a seis flagelos peritríquios.

As células medem 0,6-1,0 m por 1,5-3,0 m e podem existir isoladamente ou em pares. Em cultura em meios contendo hidratos de carbono, as células produzem grandes quantidades de polissacáridos extracelulares, dando às colónias um aspeto volumoso e viscoso.

Recentemente, procedeu-se a uma reclassificação das espécies de *Agrobacterium*, utilizando a sequenciação do ARN ribossómico como ferramenta taxonómica. A nomenclatura resultante coloca as espécies anteriores, *A. tumefacians* biovar 1, *A. radiobacter* biovar 1 e *A. rhizogenes* biovar 1, no novo taxon: *Agrobacterium tumefaciens.*

Isolamento

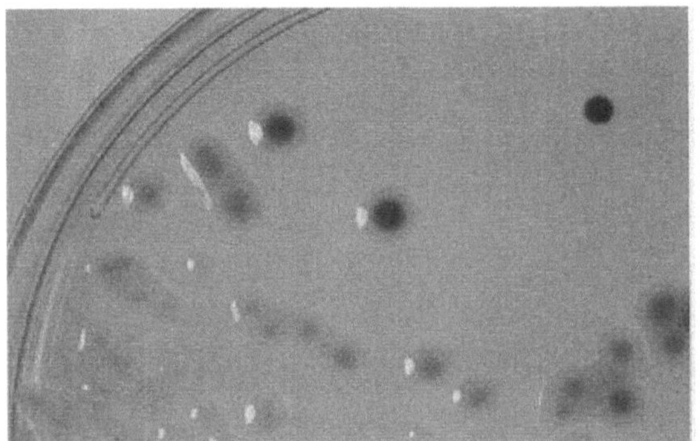

A. tumefaciens pode ser efetivamente isolada para identificação a partir de tecido de galha, solo ou água. O tecido de galha ideal para isolamento é branco ou de cor creme de uma galha jovem e em crescimento ativo. A galha deve ser lavada ou esterilizada à superfície com lixívia doméstica a 20% e enxaguada várias vezes em água esterilizada. Cortar algumas amostras de diferentes partes do tecido branco da galha e dividir as amostras em pequenos pedaços. Colocar estes pedaços num tubo de cultura contendo água destilada estéril ou tampão, agitar em vórtice e deixar repousar durante pelo menos 30 minutos. Utilizando uma ansa de inoculação, colocar esta suspensão no meio 1A e incubar a 25-27° C. As diferentes estirpes crescerão a ritmos diferentes. Também se pode utilizar este meio seletivo para detetar *A. tumefaciens* em diluições de solo ou água de irrigação.

Deve notar-se, no entanto, que a presença de células de *A. tumefaciens* numa amostra não dita necessariamente a existência da estirpe que provoca a galha da coroa na amostra. Apenas as células que contêm um plasmídeo específico (o plasmídeo *T*) podem causar a doença. As estirpes de *A. tumefaciens* sem o plasmídeo vivem como bactérias que habitam a rizosfera sem causar doenças.

Sintomas

 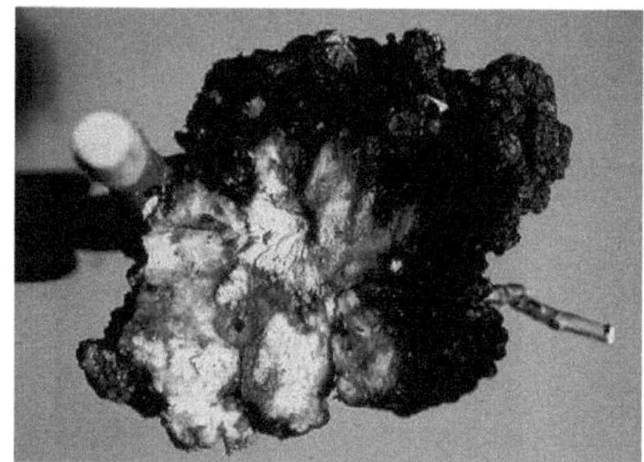

A galha da coroa manifesta-se inicialmente como pequenos inchaços na raiz ou no caule perto da linha do solo e, ocasionalmente, em partes aéreas da planta. Os tumores jovens, que muitas vezes se assemelham ao tecido caloso que resulta de uma ferida, são macios, algo esféricos e de cor branca a creme. À medida que os tumores envelhecem, a sua forma torna-se bastante irregular e tornam-se castanhos ou pretos. Os tumores podem estar ligados à superfície do hospedeiro apenas por uma pequena porção de tecido, ou podem aparecer como um inchaço do caule, não distintamente separado. O tecido pode ser esponjoso e esfarelado em toda a galha ou pode ser lenhoso e semelhante a um nó. Podem ocorrer vários tumores na mesma planta e podem apodrecer total ou parcialmente da superfície da planta, podendo desenvolver-se repetidamente na mesma área, estação após estação. Outros sintomas incluem atrofiamento, folhas cloróticas e as plantas podem ser mais susceptíveis a condições ambientais adversas e a infecções secundárias.

Ciclo de vida do agente patogénico

As estirpes patogénicas de *A. tumefaciens* podem viver saprofiticamente no solo até dois anos. Quando uma planta hospedeira próxima é ferida perto da linha do solo por alimentação de insectos, ferimentos de transplante ou qualquer outro meio, a bactéria desloca-se quimiotacticamente para o local da ferida e entre as células hospedeiras. Estas bactérias estimulam então as células hospedeiras circundantes a dividirem-se rápida e irregularmente. A bactéria consegue-o inserindo um pedaço do seu próprio ADN nos cromossomas das células hospedeiras, provocando uma produção excessiva de citocininas e auxinas, que são reguladores do crescimento das plantas, e de opinas, que servem de nutrientes para o agente patogénico. O tecido resultante é indiferenciado, com uma cor branca ou creme, e as células podem ter um ou mais núcleos. Este tecido continua a aumentar e forma-se um tumor na raiz ou no caule da planta, consoante o local original da ferida. As bactérias ocupam os espaços intercelulares à volta da periferia da galha e não se encontram no centro do tumor em crescimento. O tumor não está protegido por uma epiderme, deixando o tecido suscetível a agentes patogénicos secundários, insectos e saprófitas. A degradação do tumor por invasores secundários provoca uma descoloração castanha ou preta e liberta as células de *A. tumefaciens* de volta para o solo, para serem arrastadas pelo solo ou pela água, ou para permanecerem no solo até à estação de crescimento seguinte. Em plantas perenes, parte do tecido infetado pode permanecer vivo e habitado por *A. tumefaciens*, que, mesmo que o tumor tenha sido eliminado, pode persistir e causar um novo tumor na estação seguinte, no mesmo local.

Controlo de doenças

A introdução de estirpes patogénicas de *A. tumefaciens* pode ser evitada através de uma inspeção minuciosa do material de viveiro para detetar sintomas de galha da coroa. As variedades susceptíveis não devem ser plantadas em solos que se sabe estarem infestados com o agente patogénico. Estes solos devem ser plantados com uma cultura monocotiledónea, como o milho ou o trigo, durante vários anos. As plantas de viveiro devem ser certificadas como isentas de galha da coroa e devem ser enxertadas em vez de serem produzidas em gomos. Se existir a ameaça de galha da coroa, todas as práticas que ferem os tecidos devem ser evitadas e os insectos mastigadores devem ser controlados.

O tratamento preventivo de sementes ou transplantes com o organismo de biocontrolo não patogénico *Agrobacterium radiobacter* é um meio relativamente barato e eficaz de gerir o desenvolvimento de galhas em operações comerciais. A aplicação deste antagonista por imersão das sementes ou por imersão dos transplantes pode impedir a infeção pela maioria das estirpes de *A. tumefaciens* devido à produção do antibiótico agrocina 84 pela estirpe K84 de *A. radiobacter*. Algumas propriedades curativas são exibidas por uma mistura comercialmente disponível de 2,4-xilenol e metacresol numa emulsão de óleo e água, quando pintada diretamente sobre tumores estabelecidos. No entanto, este método é raramente utilizado devido a limitações de mão de obra e de tempo.

A Agrobacterium tumefaciens é uma bactéria do solo que pode transformar geneticamente as células vegetais através da transferência de um pedaço definido de

ADN (conhecido como ADN-T) do seu plasmídeo indutor de tumores (Ti) para o genoma das plantas infectadas, juntamente com um conjunto de genes *vir* expressáveis. Os genes de virulência (*vir*) no plasmídeo Ti codificam as funções necessárias para o processamento e a transferência do ADN-T, que são induzidos por compostos fenólicos de baixo peso molecular, como o 4-acetil-2,6 dimetoxifenol (acetosiringona), produzidos pelas células vegetais feridas.

A transferência do T-DNA para os cromossomas das plantas parece ser um processo polar que se inicia na fronteira direita, progride para a esquerda e termina na fronteira esquerda. As sequências de fronteira que flanqueiam o T-DNA são elementos *cis-acting* essenciais envolvidos na transformação genética de plantas por *Agrobacterium*. O mecanismo pormenorizado de transferência de ADN da *Agrobacterium tumefaciens* para as células vegetais foi analisado por Hooykaas e Schilperoort, 1992; Zambryski, 1992; Hooykaas e Beijersbergen, 1994.

A transformação genética mediada por *Agrobacterium*[13,14] de estruturas embrionárias de genótipos de feijão-frade foi realizada com sucesso utilizando diferentes genes por vários investigadores; no entanto, existem muito poucos relatórios sobre a transformação *in planta* utilizando *Agrobacterium*[15,16] em leguminosas utilizando diferentes estirpes de *Agrobacterium*, cada uma com genes diferentes.

Transformação de plantas utilizando *Agrobacterium tumefaciens*

A Agrobacterium tumefaciens é uma bactéria do solo, de ocorrência natural e generalizada, que causa galhas e tem a capacidade de introduzir novo material genético na célula vegetal. O material genético introduzido é designado por ADN T (ADN transferido), que se encontra num plasmídeo Ti. Um plasmídeo Ti é um pedaço circular de ADN que se encontra em quase todas as bactérias.

Esta capacidade natural de alterar a composição genética da planta foi a base da transformação de plantas utilizando *Agrobacterium*. Atualmente, a transformação *mediada por Agrobacterium* é o método mais utilizado para a engenharia genética de plantas devido à sua eficiência relativamente elevada. Inicialmente, pensava-se que esta *Agrobacterium* apenas infectava plantas dicotiledóneas, mas mais tarde verificou-se que também pode ser utilizada para a transformação de plantas monocotiledóneas, como o arroz.

Durante a transformação, vários componentes do plasmídeo Ti permitem a transferência efectiva dos genes de interesse para as células vegetais. Estes incluem:

• sequências de fronteira T-DNA, que demarcam o segmento de ADN (T-DNA) a transferir para o genoma da planta

• genes vir (genes de virulência), que são necessários para a transferência da região T-DNA para a planta, mas que não são transferidos, e

• região T-DNA modificada onde os genes que causam a formação de galhas são removidos e substituídos pelos genes de interesse.

Processo de transformação de plantas *mediado por Agrobacterium*

O processo de transformação *mediado por Agrobacterium* envolve uma série de etapas: (a) Isolamento dos genes de interesse a partir do organismo de origem; b) Desenvolvimento de uma construção transgénica funcional que inclua o gene de interesse; promotores para conduzir a expressão; modificação do códão, se necessário, para aumentar a produção de proteínas com sucesso; e genes marcadores para facilitar a localização dos genes introduzidos na planta hospedeira; c) Inserção do transgene no plasmídeo Ti-; (d) Introdução do plasmídeo contendo o ADN-T na *Agrobacterium*; e) Mistura da *Agrobacterium* transformada com células vegetais para permitir a transferência do ADN-T para o cromossoma da planta; f) Regeneração das células transformadas em plantas geneticamente modificadas (GM); e g) Testes de desempenho das caraterísticas ou da expressão do transgene em laboratório, em estufa e no campo. A figura 1 ilustra a transformação de plantas *mediada por Agrobacterium*.

Figura 1: Processo de transformação de plantas *mediado por Agrobacterium*

plant cell

Ti plasmid

T-DNA

Agrobacterium tumefaciens

insertion into chromosome

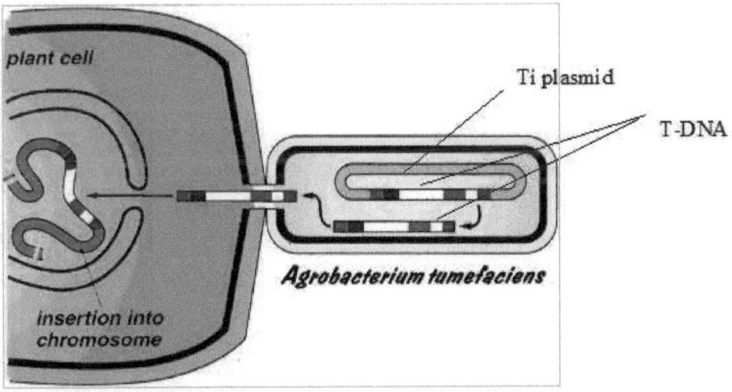

Fonte: http://www.plantsci.cam.ac.uk/Haseloff/SITEGRAPHICS/Agrotrans.GIF

As vantagens gerais da utilização da transformação *mediada por Agrobacterium* em relação a outros métodos de transformação são: redução do número de cópias do transgene e integração intacta e estável do transgene (gene recentemente introduzido) no genoma da planta.

A transformação de plantas mediada por *Agrobacterium tumefaciens,* uma bactéria fitopatogénica do solo, tornou-se o método mais utilizado para a introdução de genes estranhos nas células vegetais e a subsequente regeneração de plantas transgénicas. *A A. tumefaciens* infecta naturalmente os locais de ferida em plantas dicotiledóneas, causando a formação de tumores de galha da coroa. As primeiras evidências que indicam esta bactéria como o agente causador da galha da coroa remontam a mais de noventa. Desde esse momento, por diferentes razões, um grande número de investigações centrou-se no estudo desta doença neoplásica e do seu agente patogénico causador. Durante o primeiro e extenso período, os esforços científicos foram dedicados a desvendar os mecanismos de indução do tumor da galha da coroa, na esperança de compreender os mecanismos da oncogénese em geral e de, eventualmente, aplicar estes conhecimentos para desenvolver tratamentos medicamentosos para a doença oncológica em animais e no homem. Quando esta hipótese foi posta de parte, o interesse pela doença da galha da coroa diminuiu consideravelmente até se tornar evidente que a formação deste tumor pode resultar da transferência de genes de *A. tumefaciens* para células vegetais infectadas.

A A. tumefaciens tem a capacidade excecional de transferir um segmento específico de ADN (ADN-T) do plasmídeo indutor de tumor (Ti) para o núcleo das células infectadas, onde é integrado de forma estável no genoma do hospedeiro e transcrito, causando a galha em coroa. O ADN-T contém dois tipos de genes: os genes oncogénicos, que codificam enzimas envolvidas na síntese de auxinas e citocininas e responsáveis pela formação de tumores; e os genes que codificam a síntese de opinas. Estes compostos, produzidos por condensação entre aminoácidos e açúcares, são sintetizados e excretados pelas células da galha e consumidos por *A. tumefaciens* como fontes de carbono e azoto. Fora do T-DNA, estão localizados os genes para o catabolismo das opinas, os genes envolvidos no processo de transferência do T-DNA da bactéria para a célula vegetal e os genes envolvidos na conjugação plasmídeo bactéria-bactéria.

Estirpes virulentas de *A. tumefaciens* e *A. rhizogenes,* quando interagem com células vegetais dicotiledóneas susceptíveis, induzem doenças conhecidas como galhas de corvo e raízes peludas, respetivamente. Estas estirpes contêm um megaplasmídeo de grandes dimensões (mais de 200 kb) que desempenha um papel fundamental na indução de tumores, razão pela qual foi designado plasmídeo Ti, ou Ri no caso de *A.*

rhizogenes. Os plasmídeos Ti são classificados de acordo com as opinas, que são produzidas e excretadas pelos tumores que induzem. Durante a infeção, o T-DNA, um segmento móvel do plasmídeo Ti ou Ri, é transferido para o núcleo da célula vegetal e integrado no cromossoma da planta. O fragmento de ADN-T é flanqueado por repetições diretas de 25 pb, que funcionam como um elemento *cis* para o aparelho de transferência. O processo de transferência do ADN-T é mediado pela ação cooperativa de proteínas codificadas por genes determinados na região de virulência do plasmídeo Ti (genes *vir*) e no cromossoma bacteriano. O plasmídeo Ti contém também os genes para o catabolismo da opina produzida pelas células da galha da coroa, bem como regiões para a transferência conjugativa e para a sua própria integridade e estabilidade. A região de virulência *(vir)* de 30 kb é um regulador organizado em seis operões que são essenciais para a transferência do ADN-T (*virA, virB, virD* e *virG*) ou para o aumento da eficiência da transferência (*virC* e *virE*). Diferentes elementos genéticos determinados por cromossomas demonstraram o seu papel funcional na fixação de *A. tumefaciens* à célula vegetal e na colonização bacteriana: os loci *chvA* e *chvB*, envolvidos na síntese e excreção do b-1,2 glucano; o *chvE*, necessário para o aumento do açúcar na indução dos genes *vir* e na quimiotaxia bacteriana; o locus *cel*, responsável pela síntese de fibrilas de celulose; o locus *pscA* (*exoC*), que desempenha o seu papel na síntese do glucano cíclico e do succinoglicano ácido; e o locus *att*, que está envolvido nas proteínas da superfície celular.

Os resultados iniciais dos estudos sobre o processo de transferência de T-DNA para células vegetais demonstram três factos importantes para a utilização prática deste processo na transformação de plantas. Em primeiro lugar, a formação de tumores é um processo de transformação de células vegetais resultante da transferência e integração de T-DNA e da subsequente expressão de genes de T-DNA. Em segundo lugar, os genes de T-DNA são transcritos apenas nas células vegetais e não desempenham qualquer papel durante o processo de transferência. Em terceiro lugar, qualquer ADN estranho colocado entre as fronteiras do ADN-T pode ser transferido para as células vegetais, independentemente da sua origem. Estes factos bem estabelecidos permitiram a construção dos primeiros sistemas de vectores e estirpes bacterianas para a transformação de plantas.

O primeiro registo de plantas de tabaco transgénicas que expressam genes estranhos surgiu no início da última década, embora muitas das caraterísticas moleculares deste processo fossem desconhecidas nessa altura. Desde esse momento crucial no desenvolvimento da ciência das plantas, foi alcançado um grande progresso na compreensão da transferência de genes *mediada por Agrobacterium* para células vegetais. No entanto, *a Agrobacterium tumefaciens* infecta naturalmente apenas plantas dicotiledóneas e muitas plantas economicamente importantes, incluindo os cereais, permaneceram acessíveis à manipulação genética durante muito tempo. Para estes casos, foram desenvolvidos métodos alternativos de transformação direta, como a transferência mediada por polietilenoglicol, a microinjecção, a electroporação de protoplastos e de células intactas e a tecnologia de pistola de genes. No entanto, a transformação *mediada por Agrobacterium* tem vantagens notáveis sobre os métodos de transformação direta. Reduz o número de cópias do transgene, o que pode levar a menos problemas de cosupressão e instabilidade do transgene. Além disso, é um sistema de transformação de célula única e não forma plantas em mosaico, que são mais frequentes quando se utiliza a transformação direta.

A transferência de genes mediada por Agrobacterium em plantas monocotiledóneas não era possível até recentemente, quando foram estabelecidas metodologias reprodutíveis e eficientes em arroz, banana, milho, trigo e cana-de-açúcar. Nos últimos anos, foram publicadas revisões sobre a transformação de plantas utilizando *Agrobacterium tumefaciens* e os mecanismos moleculares envolvidos neste processo. Recentemente, foi publicada uma análise exaustiva das estratégias de aplicação prática desta metodologia.

Neste trabalho apresentamos informações atualizadas sobre os mecanismos de transferência de genes mediados por *A. tumefaciens* e as avaliações para aplicação deste método na transformação de plantas monocotiledôneas tomando a cana-de-açúcar, como modelo de uma importante espécie vegetal de cultivo, anteriormente não transformada por este método.

Objectivos do presente trabalho

• Transformação de feijão-de-gato com duas construções plasmídicas diferentes em Agrobacterium tumefaciens LBA4404

• Comparação de dois constructos diferentes no que respeita aos padrões de crescimento e ao estado transformado

CAPÍTULO 2. MATERIAIS E MÉTODOS

Material vegetal

Os genótipos ICPL 85063, LRG 41 e LRG 30 de feijão-frade são utilizados para as experiências de transformação. As sementes são lavadas com água com sabão, seguida de lavagens subsequentes em água corrente da torneira. As sementes são então esterilizadas à superfície com HgCl aquoso a 0,1% $(p/v)_2$ durante cerca de 10 minutos e são lavadas cuidadosamente com água destilada estéril durante 7-8 vezes. As sementes são deixadas de molho em água destilada esterilizada durante 15-17 horas em condições assépticas.

Produtos químicos:

As fontes dos produtos químicos e dos materiais conexos utilizados neste estudo foram as seguintes: sulfatos, não-sulfatos, ferro-EDTA, sacarose, ágar do meio MS, macronutrientes, micronutrientes da solução de Hoogland, fitohormonas vegetais e vitaminas da Himedia. O kit PCR (tampão de ensaio, dNTP's, Taq polimerase) era da Hi-media e os primers específicos para o gene foram adquiridos à M/s Bioserve, Hyderabad, Índia.

Estirpes bacterianas e plasmídeos utilizados

Estirpes de *Agrobacterium tumefaciens*

São utilizadas as estirpes LBA4404 de *Agrobacterium tumefaciens* que contêm um vetor binário pCAMBIA1301e pCAMBIA2300 com o gene repórter GUS *(uid* A) que codifica a β-glucuronidase sob o controlo do promotor CaMV35S[17,18] . Contém igualmente o gene da higromicina-fosfotransferaseII *(hptll)* para resistência ao sulfato de higromicina sob o controlo do promotor NOS.

Procedimento de transformação

Para a transformação, foram utilizadas estirpes de *Agrobacterium tumefaciens* LBA4404 desarmadas que contêm os plasmídeos binários pCAMBIA1301 e pCAMBIA2300. As estirpes *de Agrobacterium*[19,20] são resistentes à rifampicina e à canamicina. Assim, as estirpes foram mantidas em placas de ágar LB contendo rifampicina (20µg/ml) e canamicina (50µg/ml). As estirpes foram subcultivadas em meio fresco de 15 em 15 dias. O meio LB contém triptona a 1%, extrato de levedura a 0,5% e cloreto de sódio a 1%, sendo o pH do meio ajustado a 7,2 antes da autoclavagem e, no caso das placas de ágar, o meio líquido é solidificado com ágar a 1,5%.

Foram colhidas colónias individuais da estirpe e inoculadas em 25 ml de meio LB (pH

7,2) suplementado com antibióticos adequados e as colónias foram cultivadas durante 24 horas a 28°C num agitador rotativo a 120 rpm. As suspensões bacterianas (25 ml) com 0,8 OD_{600} nm, foram pelletizadas por centrifugação durante 10 minutos a 5000 rpm e as células foram ressuspendidas em 25 ml de meio MS líquido e esta suspensão foi utilizada para co-cultura[21] .

Transformação *in planta*

As sementes estéreis foram germinadas em algodão estéril durante três dias a 25±2^0 C em condições estéreis e foram utilizadas para a transformação *in planta*[22,23] ,. As plântulas com três dias de idade foram infectadas/co-cultivadas por imersão em suspensão bacteriana e colocadas numa incubadora com agitação a 50 rpm, durante cerca de uma hora a 28^0 C. Após a infeção/co-cultura, as plântulas foram lavadas com água esterilizada e, depois de lavadas, foram colocadas em solo autoclavado, humedecido com água. As plântulas foram deixadas para crescimento posterior em condições assépticas no laboratório de cultura de tecidos com 5 plântulas em frascos cónicos e mantidas a 28±2^0 C sob um fotoperíodo de 16h/8h de luz/escuro. Após uma semana, as plântulas foram transferidas para o solo em vasos, para posterior crescimento em estufa, e efectuou-se o ensaio GUS e a análise PCR.

Ensaio da atividade da β-glucuronidase *(GUS)*:

Preparação do tampão de fosfato de sódio para 100 ml (50 mM):

Esta solução é obtida através da mistura de duas soluções-mãe e o pH é ajustado para 7.

Stock B: 0,05 mM Na_2 HPo_4 .H_2 O. É preparado dissolvendo 0,7 gm/100 ml. Misturaram-se 39 ml da reserva A com 61 ml da reserva B e o pH foi ajustado para 7.

Preparação de X-gluc (5-bromo, 4-cloro, 3-indolil-β-D-glucuronido) para 10 ml (2 mM):

5,2 mg de X-gluc foram dissolvidos em 100 µl de dimetilsulfóxido (DMSO) num tubo de vidro. Foram adicionados lentamente 8 ml de tampão fosfato, para evitar a formação de precipitação. Foram adicionados 2 ml de metanol (concentração final de 20%).

Após a preparação dos reagentes, o ensaio histoquímico para *Gus* foi efectuado de acordo com o protocolo utilizado por Hiei *et al* (1994).

Análise histoquímica da β-glucuronidase *(GUS)*

O ensaio histoquímico para GUS foi efectuado de acordo com o protocolo utilizado por *Jeffersonet al.,* (1987). Folhas de trifolato de sementes germinadas foram fixadas em formaldeído 0,3% em MES 10mM, pH 5,6, manitol 0,3M durante 45 minutos à temperatura ambiente, seguido de várias lavagens em NaH₂ PO₄ 50mM , pH 7,0. As reacções histoquímicas com o substrato, X-Gluc, foram realizadas com substrato 1mM em NaH₂ PO₄ 50mM pH 7,0 a 37°C durante períodos de 20 min a várias horas.

Eliminação da clorofila em sementes tratadas *com GUS* [24]

O procedimento seguinte foi seguido para remover a clorofila das folhas de trifolato tratadas com *gus*. As folhas foram retiradas da solução de X-Gluc e lavadas duas vezes em água destilada esterilizada e uma vez com etanol a 70%. As folhas foram transferidas para uma solução de acetona-metanol (1:3) para remover a clorofila e foram mantidas a 4° C para evitar a evaporação durante 1 hora. Esta solução foi substituída por uma solução fresca e mantida a 4° C até a clorofila ser completamente removida. Após a remoção de toda a clorofila, foram lavadas duas vezes em água destilada esterilizada.

Isolamento de ADN e análise da incorporação de genes:

O ADN genómico de *Cajanus cajan* foi isolado[25] utilizando o método de Dellaporta (1983) com algumas modificações.

Tampão de extração

100mM Tris pH 8,0

EDTA 50mM pH 8,0

500mMNaCl

β-Mercaptoetanol

Adiciona-se 1% p/v de polivinilpirrolidina (PVP) ao tampão de extração para evitar a oxidação dos compostos fenólicos, que interferem na extração do ADN.

Procedimento de extração:

As folhas jovens e frescas das plantas foram colhidas e congeladas em azoto líquido. As folhas foram moídas até ficarem em pó fino num almofariz e pilão previamente arrefecidos. O pó congelado foi transferido para um tubo de 30 ml e foram-lhe adicionados 15 ml de tampão de extração. Misturou-se bem e adicionou-se 1 ml de SDS a 20% (apêndice), agitando-se, e os tubos foram incubados a 65° C durante 10 minutos. Após 10 minutos de incubação, adicionou-se 5 ml de acetato de potássio, misturou-se bem e os tubos foram incubados a 0° C durante 20 minutos. Os tubos foram então centrifugados a 12000rpm durante 20min num frigorífico de centrifugação de alta velocidade (Remi C24). O sobrenadante foi retirado para um novo tubo contendo 10 ml de isopropanol e incubado a -20° C durante 20 minutos e centrifugado a 12 000 rpm durante 15 minutos. O sobrenadante foi removido e o sedimento foi redissolvido em 0,7 ml de tampão Tris. A fase aquosa foi recolhida após extração com 1 ml de fenol: clorofórmio e com 1 ml de clorofórmio: álcool isoamílico. O ADN foi precipitado da fase aquosa por adição de 75µl de acetato de sódio 3M e 500µl de isopropanol. O ADN foi sedimentado por centrifugação durante 15 minutos. O ADN foi lavado com álcool a 70% e seco ao ar durante 1 hora. Finalmente, o pellet foi dissolvido em 100 pl de tampão TE e utilizado para análise PCR.

Reação em cadeia da polimerase:

A cadeia de iniciadores de desoxioligonucleótidos e a enzima ADN polimerase ajudam na polimerização da reação de PCR, que tem lugar em tubos eppendorf de paredes finas, ou tubos PCR. O ADN é amplificado através da repetição da reação, o que é possível através da desnaturação regular do ADN de cadeia dupla recentemente sintetizado a altas temperaturas e do recozimento a baixas temperaturas. Num termociclador (Eppendorf master cycler), o processo é repetido 30 vezes, de modo a obter cópias amplificadas de ADN.

Método:

Foram colocados 10ng de ADN num tubo de PCR de 0,2 ml e a mistura de PCR foi preparada da seguinte forma para todas as amostras.

Sequência do iniciador:

S.N.	Nome do iniciador utilizado	Sequência do iniciador
1	pCAMBIA 1301Primer direto	3^1 ACATTATACTGTCTCCTCTG5^1
	Primário inverso	3 AAIIIIGTTTCCTTTCCTCTCTG5^{11}
2	pCAMBIA 2300Primer direto	3^1 TCCAGAAGGCCATCTCCGAAGGA5^1
	Primário inverso	3 CAGCCATCTCGGCAATACCACCAGC5^1

Método:

A mistura PCR é preparada da seguinte forma para todas as amostras.

Para uma reação de 50µl:

Mistura 2X para PCR25 µl

Mistura de dNTP's1 µl

Primário directo1 µl

Primário inverso 1 µl

TaqDNA 0,5 µl

polimerase

ADN modelo1 µl

Água estéril DD20.5

µl

O volume final de cada amostra foi de 50 µl e os tubos foram mantidos num termociclador Eppendorf e amplificados durante 30 ciclos, de acordo com o perfil térmico indicado:

S.N.	Etapas da PCR	Tempo necessário
1	Desnaturação inicial a 94 C°	4 min
2	Desnaturação a 94 C°	1 min
3	Recozimento a 54° C primers pCAMBIA1301 57° C Primers pCAMBIA2300	45 segundos
4	Alongamento a 72 C°	1 min
5	Repetir os passos 2 a 4 durante 30 ciclos	
6	Alongamento final a 72 C°	15 min

Depois de concluída a amplificação, as amostras foram colocadas num gel de agarose a 0,8 %, carregando 10 µl de produto amplificado com 2 µl de corante de rastreio

Gel de agarose:

Pesou-se 0,24 g de agarose e dissolveu-se em 30 ml de tampão TAE 1X, fervendo durante 15 minutos. O brometo de etídio é adicionado à solução de agarose arrefecida (40° C) a uma concentração de 1µg/ml. A solução de agarose arrefecida foi vertida no tabuleiro de gel, fixada com um pente e selada com celofane em ambas as extremidades, sendo deixada para solidificação. Após a solidificação, o pente e o celofane são cuidadosamente removidos. O gel foi submerso na cuba electroforética cheia com tampão TAE 1X. O ADN amplificado pela PCR foi misturado com o tampão de carregamento do gel e carregado diretamente nos poços do gel. A cuba electroforética foi ligada a uma fonte de alimentação de 5V/cm para fazer funcionar o gel. As amostras são percorridas em três quartos do gel, removidas e visualizadas num transiluminador UV para observar as bandas de amplificação positiva.

CAPÍTULO 3. RESULTADOS

Diferentes variedades de sementes, nomeadamente ICPL 85063, LRG 41 e LRG 30, foram cocultivadas com duas estirpes diferentes de *Agrobacterium tumefaciens* com plasmídeos pCAMBIA1301 e 2300. A percentagem de germinação foi de 72-88% no controlo e de 64-80% nas amostras testadas. A percentagem de germinação variou de genótipo para genótipo, independentemente do plasmídeo utilizado para a transformação (Fig. 1). O pCAMBIA 1301 apresentou uma melhor resposta em termos de ensaio GUS e análise PCR em todos os genótipos utilizados para a transformação, quando comparado com o pCAMBIA2300. Entre os três genótipos testados, o LRG41 apresentou uma elevada atividade de GUS e PCR (Quadro I). O ensaio GUS foi realizado com folhas trifoliadas de plantas com duas semanas de idade e as folhas apresentaram manchas azuis que indicavam a transformação, ao passo que o controlo não apresentou cor (Fig. 2). A amplificação por PCR foi efectuada em plantas positivas para GUS utilizando dois conjuntos de primers específicos (Fig. 3). Os primers pCAMBIA 1301 amplificaram um fragmento de 0,8Kb e os primers pCAMBIA2300 amplificaram um fragmento de 2,5Kb.

Fig. 1. As sementes de três genótipos foram germinadas em vasos após a transformação utilizando duas estirpes *de Agrobacterium*

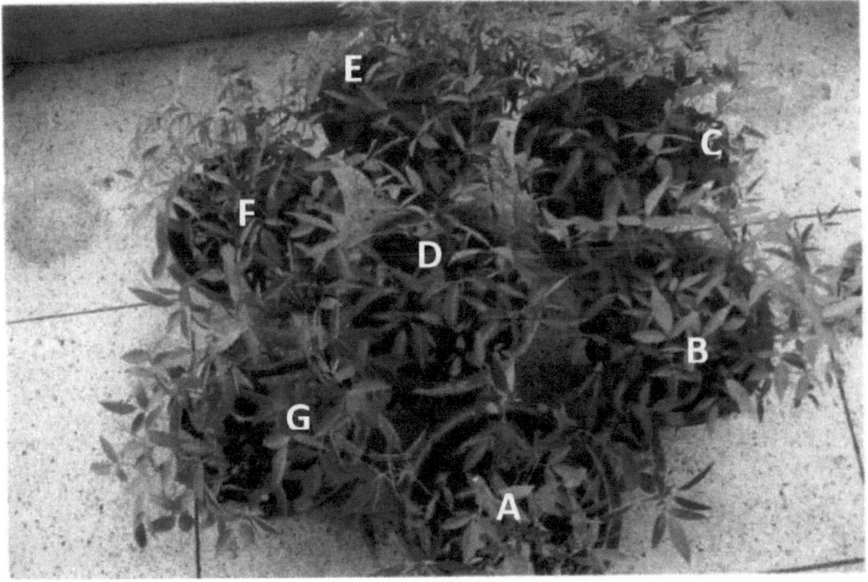

A - controlo

B - genótipo de feijão-frade LRG30 transformado com pCAMBIA1301

C - genótipo de feijão-frade LRG30 transformado com pCAMBIA2300

D - genótipo de feijão-frade LRG41 transformado com pCAMBIA1301

E - genótipo de feijão-frade LRG41 transformado com pCAMBIA2300

F - genótipo de feijão-frade ICPL85063 transformado com pCAMBIA1301

G - genótipo de feijão-frade ICPL85063 transformado com pCAMBIA2300

Fig. 2. Ensaio GUS para folhas trifoliadas de plantas de controlo e transformadas

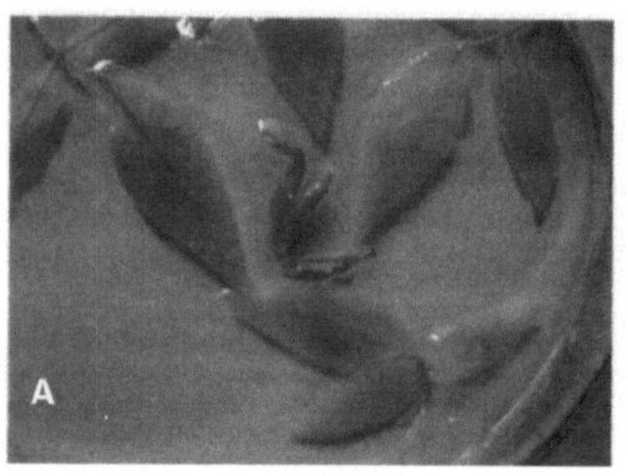
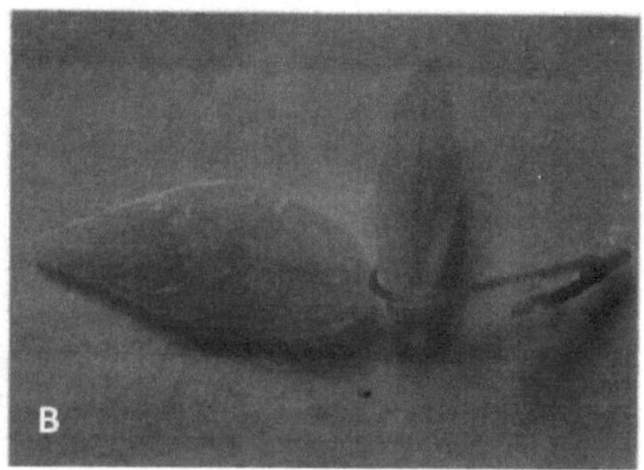

A - TESTE (GUS positivo)

B -CONTROLO

Fig 3a. Amplificação por PCR do feijão-frade utilizando a construção pCAMBIA1301, mostrando um fragmento de 0,8Kb

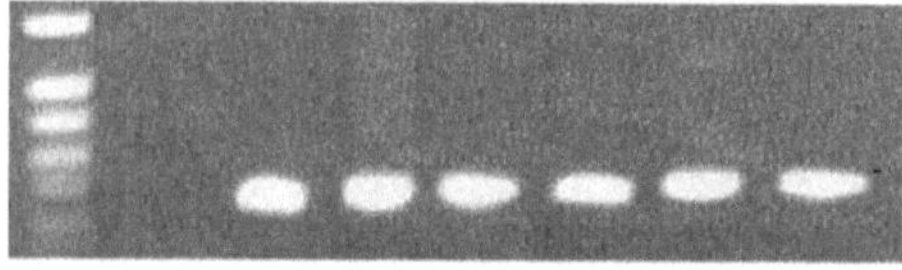

Pista 1: Marcador de ADN

Pista 2: Controlo (planta não transformada)

Pistas 3 e 4: ADN do genótipo de feijão-frade LRG30 transformado com pCAMBIA1301

Pistas 5 e 6: ADN do genótipo de feijão-frade LRG41 transformado com pCAMBIA1301

Pistas 7 e 8: ADN do genótipo de feijão-frade ICPL85063 transformado com pCAMBIA1301

b. Amplificação por PCR do feijão bóer utilizando a construção pCAMBIA2300 com um fragmento de 2,5 kb

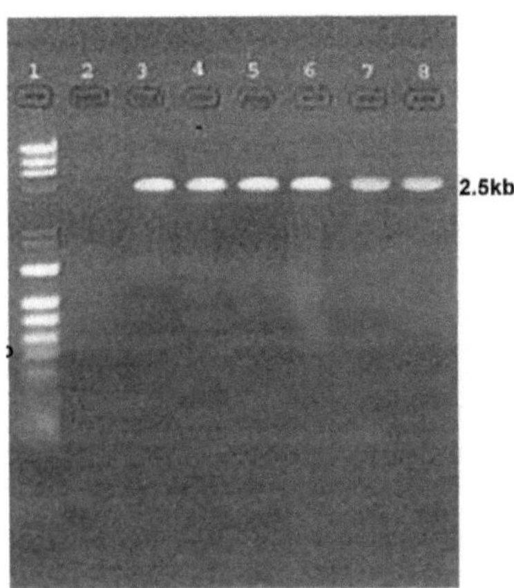

Pista 1: Marcador de ADN

Pista 2: Controlo (planta não transformada)

Pistas 3 e 4: ADN do genótipo de feijão-frade LRG30 transformado com pCAMBIA2300

Pistas 5 e 6: ADN do genótipo de feijão-frade LRG41 transformado com pCAMBIA2300

Pistas 7 e 8: ADN do genótipo de feijão-frade ICPL85063 transformado com pCAMBIA2300

Tabela I: Frequência de gus positivos em diferentes explantes de genótipos de feijão-frade infectados por diferentes estirpes de *Agrobacterium tumefaciens*

Genotype used		Seeds inoculated	Percenatge of germination	No. of *gus* positives	No. of PCR positives
LRG 30	Control	25	80	0	0
	pCAMBIA1301	25	72	12	10
	pCAMBIA2300	25	64	10	5
LRG 41	Control	25	88	0	0
	pCAMBIA1301	25	80	15	12
	pCAMBIA2300	25	72	11	8
ICPL 85063	Control	25	72	0	0
	pCAMBIA1301	25	64	10	8
	pCAMBIA2300	25	60	5	4

CAPÍTULO 4. DEBATE

Os genótipos, as estirpes *de Agrobacterium*, as diferentes sementes, o tempo de exposição ao inóculo bacteriano e outros factores influenciam a eficiência da transformação das plantas. No presente estudo, foram obtidas frequências variáveis de *gus* positivos a partir de sementes obtidas de diferentes variedades de feijão-frade.

As diferenças genotípicas apresentadas como percentagem de *gus* positivos não foram uniformes em todas as sementes utilizadas e infectadas com diferentes estirpes *de Agrobacterium*. Das três variedades testadas, a percentagem de *gus* positivos foi mais elevada na LRG 41, seguida da LRG30, quando comparada com a ICPL 85063. Estas diferenças genotípicas no feijão bóer para a percentagem de transformação podem ser explicadas por factores que influenciam as interações entre as estirpes *de Agrobacterium* e as variedades de feijão bóer. Existe uma forte interação entre o genótipo hospedeiro e a estirpe e muito poucos genótipos da cultura são infectados por uma determinada estirpe *de Agrobacterium*. Para a produção de transgénicos, o primeiro passo é uma infeção bem sucedida pela bactéria e também uma incorporação bem sucedida no genoma do hospedeiro. O local de incorporação do gene também é importante para a sua expressão. A colonização bacteriana, a indução do sistema de virulência bacteriana, a geração do complexo de transferência de T-DNA, a transferência do T-DNA e a integração do T-DNA no genoma da planta são os passos essenciais para a produção de transgénicos (Gustavo *et al,* 1998). Foi comunicada a variação genotípica da suscetibilidade à infeção por *Agrobacterium* no feijão-frade (Rathore e Chand, 1997). Também foram comunicadas diferenças na suscetibilidade da cultura a estirpes de *Agrobacterium* em leguminosas como o grão-de-bico (Islam *et al.,* 1994), a ervilha (Hobbs *et al., 1989)* , o amendoim (Lacorte *et al.,* 1991) e a soja (Byrne *et al.,* 1987; Delzer *et al., 1990)* .

Tendo em conta a integração do T-DNA, o modelo proposto para a recombinação ilegítima (Gheysen *et al.,* 1991; Lehman *et al.,* 1994; Puchta, 1998) envolve o emparelhamento de algumas bases, conhecidas como micro-homologias, necessárias para uma etapa de pré-anelamento entre a cadeia de T-DNA (associada ao vir D2) e o ADN da planta. As diferenças na percentagem de *gus* positivos entre as diferentes variedades de uma cultura, tal como observado no presente estudo e também já referido, podem dever-se a diferenças no número dessas sequências de microhomologias no ADN genómico.

Quando *a* estirpe *Agrobacterium* LBA 4404 com construções de plasmídeo pCAMBIA1301 e pCAMBIA2300 foi utilizada para a transformação, a LBA 4404 com o plasmídeo pCAMBIA1301 produziu melhores resultados do que a estirpe *Agrobacterium* com o plasmídeo. Isto pode dever-se a diferenças nos factores do gene vir, que influenciam a infeção por diferentes estirpes *de Agrobacterium*. No amendoim (Egnin *et al.*, 1998) foi registado um maior número de transformantes com a estirpe EH101 de *Agrobacterium tumefaciens* do que com a estirpe C58. Resultados semelhantes foram registados em *Vigna mungo*, onde as frequências de transformação foram superiores com a estirpe bacteriana LBA 4404 do que com as infectadas por EHA105 (Karthikeyan *et al.*, 1996). Assim, também na soja, a estirpe de octopina C58 e os derivados da estirpe supervirulenta de succinamopina BO542 foram considerados eficazes (Chandra e Pental, 2003). A combinação e o número de genes virulentos envolvidos na transcrição influenciam a taxa de infecciosidade (Gustavo *et al.*, 1998). A *Agrobacterium* LBA 4404 com diferentes construções de plasmídeo pCAMBIA1301, pCAMBIA2300 foi utilizada no presente estudo. O LBA 4404 com pCAMBIA1301 deu maior percentagem de *gus* positivos *do* que com pCAMBIA2300. O tamanho do plasmídeo e o tipo de sequências na construção do plasmídeo podem desempenhar um papel importante na sua incorporação e expressão no genoma do hospedeiro. Foi obtido um aumento de várias vezes na expressão do gene repórter no arroz utilizando a construção com o gene *gus* contendo sequências MARS do tabaco (Allen *et al.*, 1996; Cheng *et al.*, 2001). Embora tal incorporação de sequências MARS não tenha sido feita no presente estudo, provavelmente a diferença de tamanho é responsável pela diferença na percentagem de transformantes genéticos.

Concluímos que o LRG41 é ideal para a transformação genética utilizando *Agrobacterium* quando foram utilizadas variedades de sementes para a transformação durante a divisão celular. Em geral, as diferenças genotípicas desempenham um papel nas frequências de transformação de *Cajanus cajan* e *a Agrobacterium* também influencia as frequências de transformação.

Referências

1. Van der Maeson, L. J. G. (1995). Pigeonpea Cajanus cajan, pp. 251-5 em Smartt, J. e Simmonds, N. W. (eds.), Evolution of Crop Plants. Essex: Longman.

2. Fuller, D. Q.; Harvey, E. L. (2006). "A arqueobotânica das leguminosas indianas: identificação, processamento e evidências de cultivo". *Arqueologia Ambiental* **11** (2): 219.

3. Carney, J. A. e Rosomoff, R. N. (2009) In the Shadow of Slavery. Africa's Botanical legacy in the Atlantic World. Berkeley: University of California Press.

4. "Efeito da germinação na digestibilidade in vitro de algumas sementes de leguminosas consumidas localmente". Revista de Ciências Aplicadas e Gestão Ambiental. Vol. 10, Num. 3, 2006, pp. 55-58

5. O feijão-frade na África Oriental e Austral Publicado em 10 de outubro de 2012. Descarregado em 26 de janeiro de 2014

6. Carney, J. A. e Rosomoff, R. N. (2009) In the Shadow of Slavery. Africa's Botanical legacy in the Atlantic World. Berkeley: University of California Press

7. "Factos e análises nutricionais para ervilhas-de-pombo (grama vermelha), sementes maduras, cruas"

8. Obituário, Warrington Examiner, 11 de fevereiro de 1950

9. Zemede Asfaw, "Conservation and use of traditional vegetables in Ethiopia", Actas do Workshop Internacional do IPGRI sobre Recursos Genéticos de Vegetais Tradicionais em África (Nairobi, 29-31 de agosto de 1995)

10. Arundati,A., 1999.Transformação de feijão-de-gato (Cajanus cajanL.Millsp.) mediada por Arobacterium, utilizando discos de folhas.ICPN,6:62-64.Curr.Sci

11. Chandra,A e Deepak pental,2003.Regeneração e transformação genética de leguminosas para grão: An overview. Curr.Sci.,84:381-387.

12. Agrobacterium tumefaciens: uma ferramenta natural para a transformação de plantasGustavo A. de la Riva, Joel Gonzalez-Cabrera, Roberto Vazquez-Padron, Camilo Ayra-Pardo Electronic Journal of Biotechnology, Vol 1, No 3 (1998) 10.2225/vol1- issue3

13. Transformação de ervilha-de-angola *(Cajanuscajan* L. Millsp.) mediada por Agrobacterium tumefaciens e análise molecular das plantas regeneradasP. K. Lawrence e K. R. Koundal Centro Nacional de Investigação em Biotecnologia Vegetal, Instituto Indiano de Investigação Agrícola.

14. Artigo de revisão Transformação genética mediada por *Agrobacterium* em feijão-de-gato, outubro de 2013; ISSN 2249-8516

15. Transformação genética de ervilha-de-angola *[Cajanus cajan* (L.)Millsp.] mediada por *Agrobacterium* para resistência à broca das vagens das leguminosas *Helicoverpa armigera* Journal of Crop Science and BiotechnologyNew Delhi 110 012, IndiaSeptember 2011, Volume 14, Issue 3, pp 197-204

16. Transformação genética como ferramenta para o melhoramento da ervilha-de-angola, Cajanus Cajan (L.) Millsp Sita, G. Lakshmi; Venkatachalam, P.janeiro 2007

17. Papel da cultura do feijão-frade na fertilidade do solo e na sustentabilidade do sistema agrícola no GanaS. Adjei-Nsiah. Revista Internacional de Agronomia Volume 2012 (2012), Artigo ID 702506, 8 páginas

18. Padrões genéticos de domesticação em feijão-frade *(Cajanus cajan* (L.) Millsp.) e parentes selvagens *de Cajanus* Mulualem T. Kassa, R. Varma Penmetsa, Noelia Carrasquilla-Garcia, Birinchi K. Sarma, Subhojit Datta, Hari D. Upadhyaya, 22 de junho de 2012DOI: 10.1371/journal.pone

19. Caracterização detalhada do pequeno RNA pós-transcricional relacionado ao silenciamento de genes em um tabaco silenciado pelo gene GUS.G Hutvagner, L Mlynarova e J P Nap Oct 2000; 6 (10): 1445-1454.

20. J. Doyle, J.L. Doyle, Isolation of plant DNA from fresh tissue, Focus12 (1990) 12-14.

21. J. Puonti Kaerlas, T. Eriksson, P. Engstrom, Production of transgenicpea (Pisum sativum L.) plants by Agrobacterium tumefaciens mediatedgene transfer, Theor. Appl. Genet. 80 (1990) 246-252

2 2.S. Eapen, L. George, Agrobacterium tumefaciens mediated genetransfer in peanut (Arachis hypogaea L.), Plant Cell Rep. 13 (1994)582-586.

23. B. Muthukumar, M. Mariamma, K. Veluthambi, A. Gnanam, Genetictransformation of cotyledon explants of cowpea (Vigna unguiculata L.Walp) using Agrobacterium tumefaciens, Plant Cell Rep. 15 (1996).

24. K.K. Sharma, V. Anjaiah, An efficient method for the production oftransgenic plants of peanut (Arachis hypogaea L.) through Agrobacteriumtumefaciens- mediated genetic transformation, Plant Sci. 159(2000) 7-19.

25. Dayal, M. Lavanya, P. Devi, K.K. Sharma, An efficient protocol forshoot regeneration and genetic transformation of pigeon pea [Cajanuscajan (L.) Millsp.] using leaf explants, Plant Cell Rep. 21 (2003)1072-1079.

yes

I want morebooks!

Buy your books fast and straightforward online - at one of world's fastest growing online book stores! Environmentally sound due to Print-on-Demand technologies.

Buy your books online at
www.morebooks.shop

Compre os seus livros mais rápido e diretamente na internet, em uma das livrarias on-line com o maior crescimento no mundo! Produção que protege o meio ambiente através das tecnologias de impressão sob demanda.

Compre os seus livros on-line em
www.morebooks.shop

Printed by Books on Demand GmbH, Norderstedt / Germany